JN069768

ほんわか、ほっこり、ゆる子ネコ 2

ジーウォーク

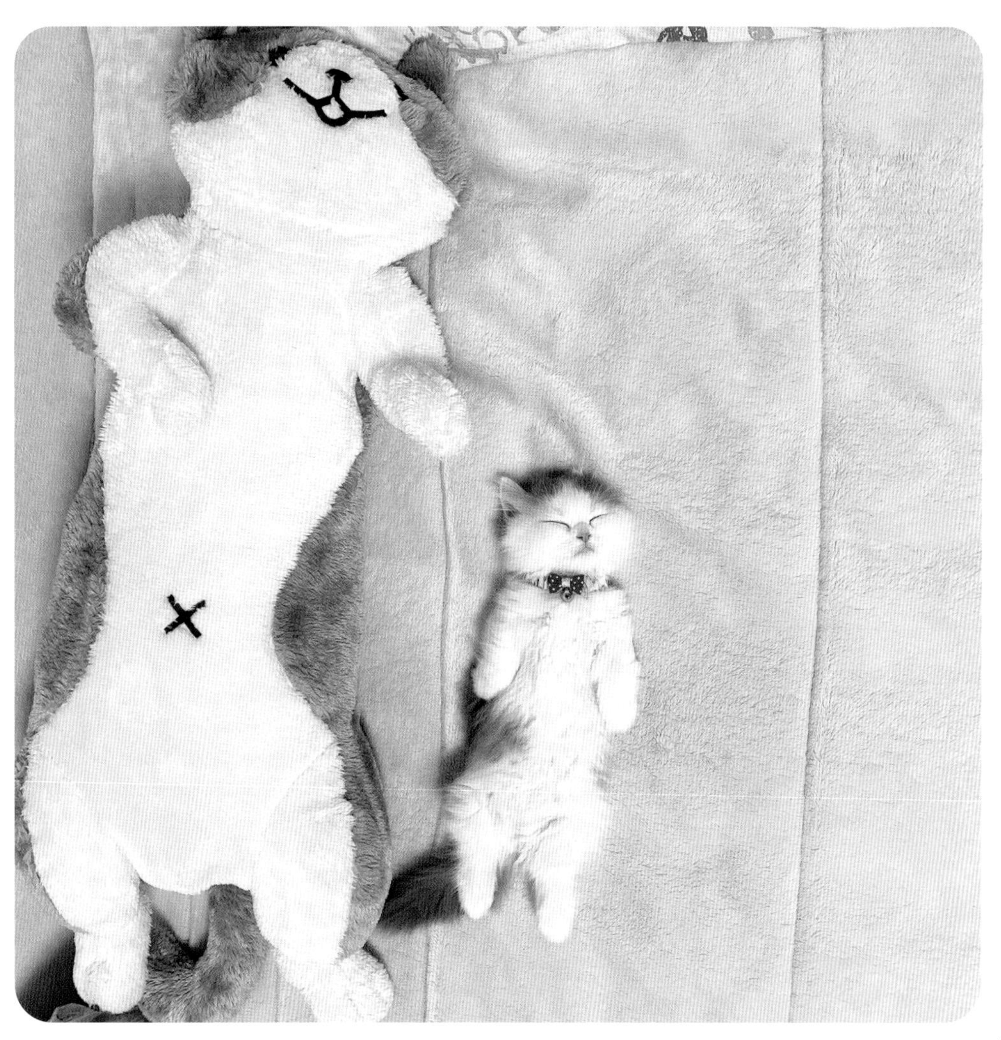

Natsume

NYAN NAIL Color

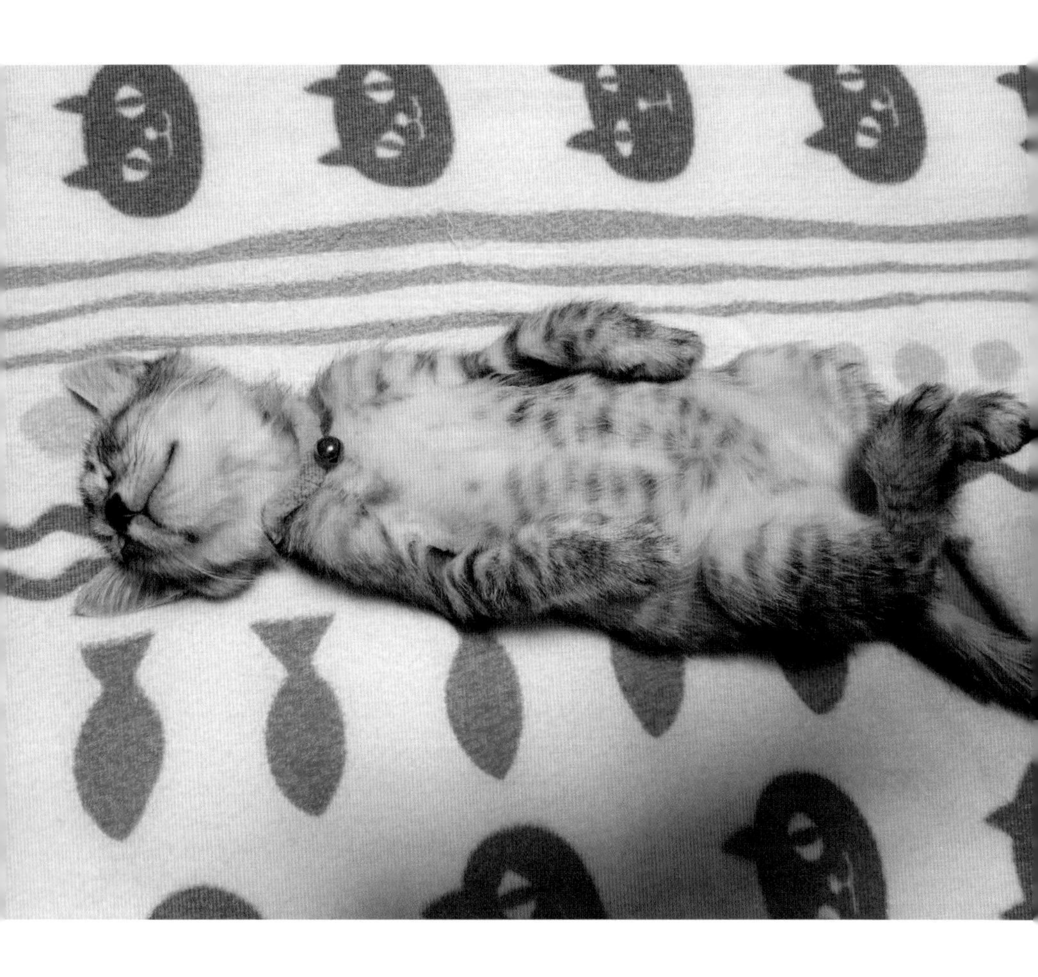

写真

横山こうじ........9、13、21、27、47、58、73、74、75、92

Mac Marron......8、17、31、39、44、45、52、65、80、83、90

にゃんこ編集部

2 ....mari
3 ....みみはなふう
4 ....ciiimer3
5 ....@ooshima_chiikineko
6 ....エキゾのむう＆うり
7 ....エキゾのきなこさん。
10 ....ままめろん
11 ....エキゾのきなこさん。
12 ....エキゾのきなこさん。
14 ....@blue.noir.bruno
15 ....ソレイユ
16 ....@na0206cho
18 ....@chiha_yanhouse
19 ....ウーロンママ
20 ....あき
22 ....@mametsubu6525
23 ....@marble820
24 ....@s2syms2
25 ....かぁくん
26 ....さつきママ
28 ....@ooshima_chiikineko
29 ....@_sora_mei
30 ....@mametsubu6525
32 ....ままめろん
34 ....@midochan115
35 ....@m_a.p.r
36 ....このん
37 ....@shinsan_toraji
38 ....ミキ
40 ....@a_ruru_nyan
41 ....ままめろん
42 ....neko._.taka ねこたか
43 ....@m_a.p.r
46 ....cocoasalt
48 ....@ramuneqp
49 ....みみはなふう
50 ....@ooshima_chiikineko
51 ....@ooshima_chiikineko
53 ....なこなな
54 ....坂井哲也
55 ....メルママ
56 ....@a_ruru_nyan
57 ....mako.maro
60 ....くろ＆おちびーず
61 ....トリプルビーンズ
62 ....ルピ
63 ....cocoasalt
64 ....さつきママ
66 ....mari
67 ....mari
68 ....@m_a.p.r
69 ....ままめろん
70 ....@nicofamily7
71 ....@gumi.oji.tono.tapi
72 ....@shinsan_toraji
76 ....neko._.taka ねこたか
78 ....下山ここ
79 ....@kaokao0328
81 ....ソレイユ
82 ....@nicofamily7
84 ....@m_a.p.r
86 ....坂井哲也
87 ....@ameoameoameo
88 ....@toraji_king
89 ....@na0206cho
91 ....@toraji_king
94 ....@yukko.m28
96 ....エキゾのきなこさん。

ご協力くださった皆さまと猫さまに心よりお礼申し上げます。

ほんわか、ほっこり、ゆる子ネコ 2

発行日／2024年3月15日 初版第１刷発行

発行人／長嶋博文
編集人／田村耕士

発行所／株式会社ジーウォーク
〒153－0051　東京都目黒区上目黒1-16-8　Yファームビル6F
TEL 03-6452-3118　FAX 03-6452-3110

編集／にゃんこ編集部

写真／横山こうじ、Mac Marron、にゃんこ編集部

デザイン・制作／株式会社ピーエーディー

印刷／三共グラフィック株式会社
製本／株式会社セイコーバインダリー

　Printed in Japan　ISBN978-4-86717-674-0　